Anne Debroise
Frédéric Michaud

L'univers infini des planètes ...et des étoiles

salamandre

SOMMAIRE

SOMMAIRE

Combien d'**étoiles** voit-on dans le *ciel* ?

▷ Dans de bonnes conditions, un observateur doté d'un œil de lynx pourrait compter jusqu'à 3 000 étoiles.

A cause de la pollution lumineuse, les habitants des villes ne voient généralement qu'une vingtaine d'étoiles dans le ciel. Pour améliorer ce score, un observateur avisé devra donc s'installer dans un endroit isolé, sur un promontoire qui lui offrira une vue à 360°. En choisissant une nuit sans lune et sans nuages, il aura ainsi accès à la moitié de la voûte céleste, l'autre partie étant sous ses pieds, occultée par la Terre.

Avec toutes ces précautions, il pourra apercevoir des milliers d'étoiles. Pourtant, rien que la Voie lactée, notre Galaxie, en compte 200 milliards. Les astronomes estiment que notre Univers en abriterait au total 30 000 milliards de milliards, c'est-à-dire 3 suivi de 22 zéros !
Alors pourquoi n'en voyons-nous qu'une si petite partie ? A cause de la sensibilité de nos yeux. Les récepteurs de lumière fichés dans la rétine au fond de l'œil sont activés par les photons, des grains de lumière émis pas les objets lumineux. Mais ces récepteurs ne réagissent pas à moins de 50 photons par seconde. Si la source est trop éloignée ou trop faible, le flux lumineux ne les stimulera pas assez. L'astre restera invisible.

Au fait, tous les points brillant dans le ciel sont-ils des étoiles ? *Réponse p. 74.*

AH BON ?

La magnitude apparente mesure la brillance des objets célestes. Plus elle est faible, plus l'objet est lumineux. Notre Soleil affiche une magnitude de –27, la Lune seulement –13 et l'étoile Véga est à 0. L'œil nu perçoit jusqu'à une magnitude de 6 mais le télescope Hubble peut aller, lui, jusqu'à 32.

Comment la **Lune** est-elle *née* ?

▷ Ce satellite est un morceau de notre Terre, éjecté lors d'un gigantesque impact avec une autre planète.

L'accident s'est déroulé il y a 4,5 milliards d'années. La Terre était à peine âgée de 50 millions d'années, ce qui est très jeune pour une planète. Sa petite sœur Théia, deux ou trois fois plus petite qu'elle, orbitait aussi, autour du Soleil. Cependant, sa trajectoire était bien plus erratique, sans doute perturbée par l'influence d'autres corps du système solaire. Et un jour, elle percuta la Terre. Le choc fut terrible.

Le noyau de Théia, chargé d'éléments chimiques lourds comme le fer, plongea vers le cœur de la Terre. Ses enveloppes extérieures furent pulvérisées et éjectées dans l'espace, accompagnées d'une importante quantité de roches terrestres. Ces débris, ces poussières et ces gaz se sont mis à tourner autour de notre planète. Certains sont retombés mais d'autres sont restés en altitude et se sont agglomérés. En quelques années seulement, la Lune s'est formée.

Cette histoire a été reconstituée grâce aux cailloux ramenés de la Lune lors des nombreuses missions spatiales. Cela explique pourquoi les roches de la Terre et celles de son satellite se ressemblent tellement.

Au fait, qui a marché sur la Lune? *Réponse p. 73.*

AH BON ?

Lorsque la Lune s'est formée, elle était très proche de la Terre. Depuis, elle lui tourne autour tout en s'en écartant peu à peu. Elle orbite aujourd'hui à une distance moyenne de 385 000 km et s'éloigne d'environ 3,8 cm par an.

Qu'est-ce qu'une **étoile** *filante* ?

▷ **Contrairement à ce que son nom suggère, il ne s'agit pas d'une étoile mais d'un petit caillou qui brûle en traversant l'atmosphère.**

Dans le système solaire, des fragments rocheux de toute taille errent çà et là. Un jour, leur course les amène fatalement à proximité d'une lune ou d'une planète. Certains, les bolides, ne feront que traverser l'atmosphère et poursuivront leur chemin. D'autres, comme les météorites, s'écraseront sur le sol de l'astre.

Lorsqu'un corps céleste pénètre l'atmosphère à près de 150 000 km/h, il pousse devant lui un mélange de poussières et de gaz. Son entrée produit un échauffement et des frottements qui engendrent des charges électriques. Quand les poussières se trouvent à environ 100 km d'altitude, le gaz chaud et électrisé devient lumineux. Les particules les plus fines, de la taille d'un grain de sable à celle d'un gros haricot, zèbrent notre ciel d'un joli trait lumineux. L'étoile filante apparaît. Vite, c'est le moment de faire un vœu, l'éclat ne durera qu'une fraction de seconde ! Les poussières brûlent et s'évaporent.

AH BON ?

Au cours de son voyage autour du Soleil, la Terre passe régulièrement dans le sillage de comètes. Ces astres perdent de la matière en permanence et leurs poussières provoquent des pluies d'étoiles filantes dans notre ciel. Les comètes les plus connues sont les Perséides, visibles en août. Mais on peut en observer tout au long de l'année.

Comment se forment les **croissants** de *Lune* ?

▷ **Le Soleil n'illumine qu'une moitié de notre satellite. Au cours du mois, la Lune se déplace autour de la Terre et sa portion lumineuse nous semble plus ou moins large.**

A la nouvelle lune, notre satellite naturel se trouve entre la Terre et le Soleil. Nous ne voyons donc que son côté sombre. Mais petit à petit, la Lune se déplace et la face tournée vers la Terre s'éclaire progressivement, formant une belle courbe creuse. Nous avons alors l'occasion de contempler un joli croissant de lune.

Au bout d'une semaine, la Lune a réalisé un quart de son tour de la Terre et nous apercevons la moitié de sa face éclairée. La frontière entre la partie lumineuse et la partie sombre n'apparaît plus creuse mais bombée : on dit que la lune devient gibbeuse. Au bout de deux semaines, nous faisons face à l'hémisphère totalement éclairé : c'est la pleine lune. Celle-ci ira ensuite en décroissant jusqu'à disparaître.

Vus depuis l'équateur, les bouts de la lune croissante pointent vers le bas au lever. Et quand elle se couche, après avoir traversé le ciel d'est en ouest, elle ressemble à un bateau, proue et poupe vers le haut. Plus on s'éloigne de l'équateur vers le nord ou le sud, et plus les extrémités tendent à droite ou à gauche. Ce n'est pas la Lune qui pivote mais l'observateur !

AH BON ?

Voici une astuce pour savoir dans quelle phase se trouve la Lune. Dans l'hémisphère nord, elle sera croissante si elle se superpose à la courbe d'un D majuscule et décroissante si elle forme un C. On dit que la Lune est menteuse. Dans le Sud, c'est le contraire, elle dit la vérité.

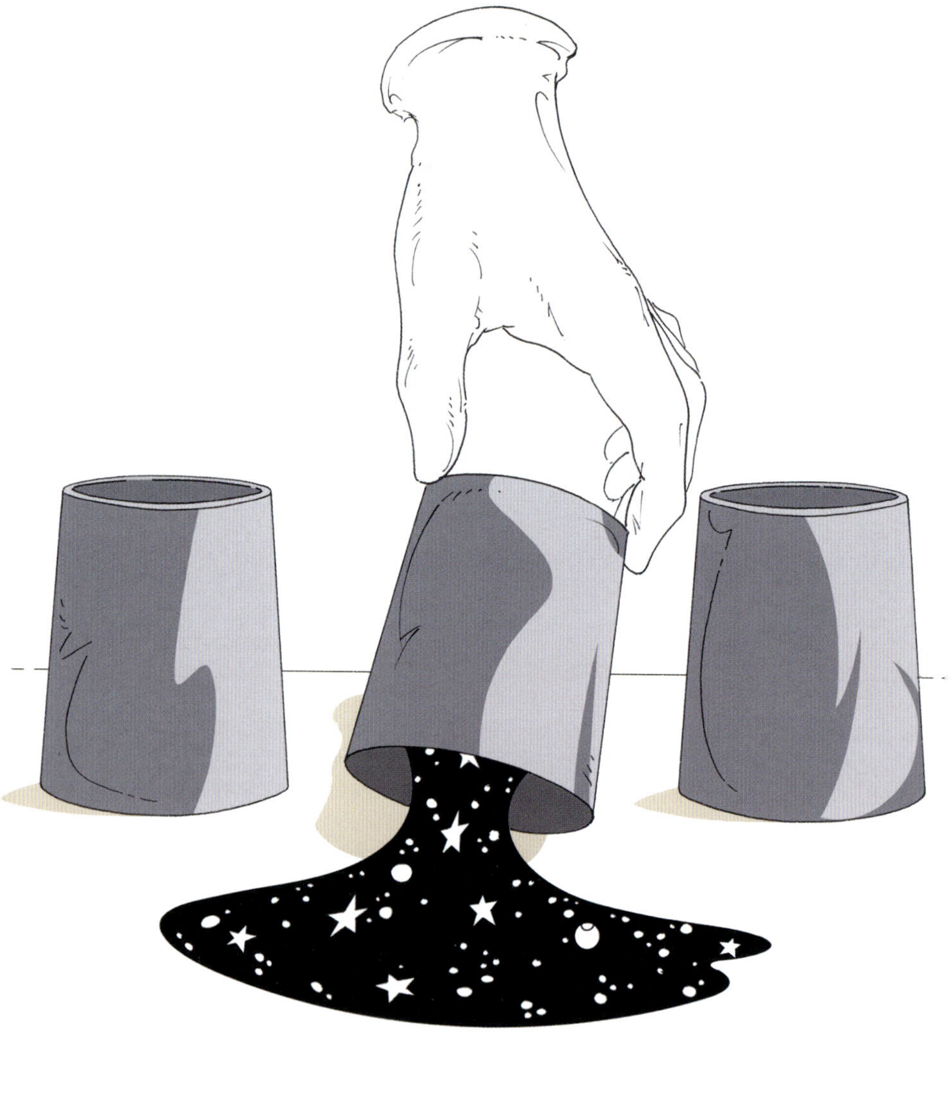

Comment l'**Univers** est-il *apparu* ?

▷ **Il y a 13,8 milliards d'années, un formidable concentré d'énergie s'est mis à enfler. Ce que l'on appelle le Big Bang a permis l'émergence d'infimes grains de matière.**

L'énergie peut se convertir en matière, et vice-versa. Ce principe a été dévoilé par Albert Einstein il y a plus d'un siècle. Les premières particules de notre monde ont été engendrées par la libération d'une gigantesque énergie initiale. Elles se sont ensuite combinées et agglomérées au fur et à mesure que l'Univers grossissait et refroidissait.

Pour décrire ces premiers instants, les astrophysiciens utilisent leurs observations. Ils ont la possibilité de voir dans le passé ! Il leur suffit d'observer le ciel avec des télescopes ou des antennes. La lumière met un certain temps à nous parvenir : des heures, des jours, des années… Une galaxie située à 10 années-lumière de la Terre nous apparaît donc telle qu'elle était il y a 10 ans. Voir loin dans l'espace permet d'observer ce qui s'est produit il y a très longtemps.

Le signal le plus ancien jamais capté a été émis il y a plus de 13 milliards d'années, 380 000 ans après le Big Bang. Notre très jeune Univers était alors une soupe de particules. Mais il comportait des grumeaux. Ceux-ci ont attiré la matière autour d'eux grâce à la gravité, formant des galaxies où se sont allumées des étoiles, avec leur cortège de planètes.

AH BON ?

Le Big Bang n'est pas une explosion, juste une inflation gigantesque. Il n'a donc pas fait de bruit. D'ailleurs, à cette époque, il n'y avait pas d'oreille pour entendre.

Pourquoi *flotte*-t-on dans l'**espace** ?

▷ Les astronautes semblent voler dans l'espace. Ce n'est qu'une impression. En réalité, ils se déplacent seulement à la même vitesse que leur vaisseau.

Sur Terre, nous expérimentons la force de gravité. C'est elle qui maintient nos deux pieds sur le plancher des vaches, en nous attirant vers le centre de notre planète que l'on habite à Paris ou à Tokyo.

La gravité est présente partout dans l'espace, plus ou moins forte. En effet, cette force orchestre le mouvement de tous les corps célestes et même des galaxies. Elle agit aussi sur les astronautes qui vivent dans la Station spatiale internationale à 400 km au-dessus de nos têtes.
Si leur masse les attire bien vers la Terre, leur vitesse elle, tend à les éjecter vers l'extérieur, comme un caillou s'échappant d'un lance-pierre. Ils se déplacent ainsi à près de 28 000 km/h. Ce mouvement crée une force centrifuge qui compense la gravité et les maintient sur leur orbite.

La gravité et la force centrifuge ont exactement le même effet sur les astronautes et leur habitacle. Comme ils se déplacent à la même vitesse, ils ne bougent pas l'un par rapport à l'autre. N'étant attirés ni par le sol ni vers aucune paroi, les astronautes ont l'impression de flotter sans rien peser.

AH BON ?

Dans la Station spatiale internationale, il n'y a plus de haut ni de bas. Et donc pas de position couchée.
Pour se reposer, les astronautes rentrent alors dans des sacs de couchage accrochés à un mur puis s'attachent. Pas question de se balader pendant leur sommeil !

Quelle est la *différence* entre une **étoile** et une **planète** ?

▷ Les étoiles sont plus grosses et elles brillent. Mais ce n'est pas par jalousie que les planètes leur tournent autour.

Tout pourrait se résumer à une histoire de taille. Dans le monde céleste, plus un objet est massif, plus il exerce une forte attraction sur ce qui l'entoure : c'est la force de gravité. Dans l'Univers, les plus légers tournent donc toujours autour des plus lourds. Ainsi, la Terre gravite autour du Soleil.

Cette force de gravité s'exerce non seulement à l'extérieur d'un objet massif mais aussi dans ses entrailles. Dès que la masse d'un astre dépasse l'équivalent de 30 000 fois celle de la Terre, sa matière attirée vers le centre subit une énorme pression et chauffe tellement qu'une fusion nucléaire s'y déclenche. L'astre brûle alors de l'intérieur, ce qui dégage encore plus de chaleur et surtout de lumière. Il s'allume et devient une étoile.

Les planètes n'ont tout simplement pas la masse suffisante pour provoquer de telles réactions. La gravité qu'elles exercent sur leur propre matière fait seulement migrer les matériaux les plus lourds, comme le fer, vers leur cœur. Celui-ci s'échauffe un peu mais sans plus.
Si certaines planètes nous paraissent lumineuses dans le ciel, comme Mars ou Vénus, c'est qu'elles reflètent la lumière de notre étoile, le Soleil.

AH BON ?

Dans l'Univers, il existe des systèmes plus complexes qui sont constitués de plusieurs étoiles. Certaines planètes peuvent donc avoir deux soleils voire plus.

Peut-on marcher sur les **anneaux** de *Saturne* ?

▷ Eh non. Les bandeaux qui ceinturent la planète géante ne sont pas des pistes d'athlétisme mais un ensemble de glaçons et de cailloux.

Saturne est une planète géante du système solaire, 10 fois plus éloignée du Soleil que la Terre. Sa masse vaut 95 fois celle de notre planète ! Certaines nuits, on peut l'apercevoir à l'œil nu car elle reflète la lumière de notre étoile. Avec une lunette astronomique d'amateur, vous pourrez même contempler l'écharpe brillante qui l'entoure.

Les anneaux de Saturne forment un disque très fin mais très large. Il mesure, selon les endroits, entre 2 et 10 m d'épaisseur pour 900 000 km de diamètre. On distingue sept anneaux emboîtés les uns dans les autres, séparés par des espaces quasiment vides. Ces disques ne sont pas faits d'une seule pièce. Ils sont constitués de milliards de particules solides, dont la taille oscille entre celle d'un grain de sable et celle d'une maison. Elles sont essentiellement formées de roches et de glace qui brillent comme des petits miroirs.

Chacune de ces particules orbite avec sa propre vitesse, à plus de 50 000 km/h, il y a donc beaucoup de frottements et d'accidents dans les anneaux.

AH BON ?

Saturne n'est pas un cas unique dans le système solaire. Les trois autres planètes géantes, Jupiter, Uranus et Neptune, arborent aussi des anneaux mais ils sont sombres et quasiment invisibles. Plus curieux, certains satellites naturels en ont également, comme Rhéa, la plus grosse lune de Saturne.

Pourquoi la **nuit** est-elle si *noire* ?

▷ **Avec l'infinité d'étoiles qui brillent au-dessus de nous, le ciel devrait être entièrement lumineux. Pourtant il ne l'est pas, faute de temps.**

Les astronomes supposent que l'Univers est infini et homogène, c'est-à-dire qu'il est peuplé d'une même densité d'étoiles et de galaxies quel que soit l'endroit. Dès que vous levez le nez au ciel, votre œil verra donc forcément un objet brillant. Autant de petites lueurs mises côte à côte devraient illuminer le firmament.

Alors pourquoi fait-il aussi noir la nuit? Parce que l'éclat des étoiles lointaines n'a pas le temps de nous parvenir! La lumière voyage à la vitesse de 300 000 km/s, soit un peu plus de 1 milliard de km/h.
Les toutes premières étoiles se sont allumées il y a 13 milliards d'années et depuis, l'expansion de l'Univers tend à les éloigner. Mais la plupart des astres sont si loin de nous que leur lumière mettra des milliards d'années à nous parvenir. Ces étoiles lointaines sont donc simplement trop récentes pour participer à l'éclairage du ciel.

Au fait, pourquoi les étoiles brillent-elles?
Réponse p. 25.

AH BON ?

Cette question du noir de la nuit a tourmenté les astronomes pendant des siècles. Or c'est Edgar Allan Poe, un poète américain passionné d'astronomie, qui a évoqué cette réponse le premier dans un essai publié en 1848.

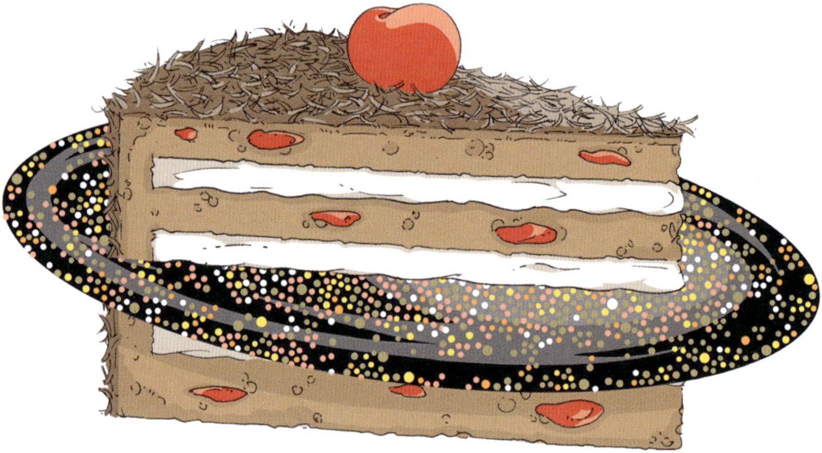

Pourquoi la **Voie lactée** dessine-t-elle un *chemin* dans le ciel ?

▷ **C'est ainsi que nous apparaît notre Galaxie depuis un poste d'observation sur Terre.**

Les galaxies sont d'énormes concentrations de matière qui tournent sur elles-mêmes comme des frisbees. Ce mouvement leur donne une forme de disque plat, à l'ovale plus ou moins régulier.
Elles abritent une grande variété d'objets célestes : des nuages de gaz, des planètes, des poussières, des astéroïdes, des étoiles et même des trous noirs, ces corps tellement denses que tout ce qui s'en approche tombe à l'intérieur y compris la lumière.

La Voie lactée doit son éclat aux quelques 200 milliards d'étoiles qu'elle héberge. Les astres les plus jeunes et les plus brillants sont concentrés dans des zones qui dessinent une forme particulière : d'un noyau central partent deux barres d'où émergent plusieurs bras enroulés en spirale.

Parmi ces étoiles se trouve notre Soleil. Il habite le bras d'Orion, une extrémité assez éloignée du bulbe central, à environ 27 000 années-lumière. De la Terre, nous observons donc le reste de notre Galaxie de profil.

AH BON ?

Dans l'Antiquité, les Grecs racontaient que le fils du dieu Zeus et de la mortelle Alcmène, Héraclès, fut mis au sein d'Héra endormie. En tétant le lait de la déesse, le bébé deviendrait immortel. Mais celle-ci se réveilla et le repoussa brusquement. Une giclée de lait s'échappa alors de sa poitrine, dessinant la Voie lactée.

Pourquoi les étoiles brillent-elles ?

▷ En leur sein, se déroule une longue explosion nucléaire qui dégage de la chaleur et de la lumière.

Les étoiles, comme notre Soleil, sont des boules de gaz géantes essentiellement composées d'hydrogène. Leur masse peut atteindre pour les plus petites 30 000 fois celle de notre planète. Et les plus grosses sont encore 2 000 fois plus lourdes.

Cette masse exerce sur ce qui l'entoure une force attractive appelée la gravité. Celle-ci fait se concentrer tout le gaz au cœur de l'astre. La pression y monte tant que les noyaux des atomes fusionnent. L'hydrogène forme ainsi de l'hélium, un autre gaz. Cette fusion nucléaire est la même qui se produit pour les bombes atomiques. Elle dégage énormément d'énergie, sous la forme de chaleur et de grains de lumière, les photons.
Les photons émis lors de la réaction nucléaire traversent le corps de l'étoile puis continuent leur trajet vers nos yeux qui perçoivent un éclat lumineux. Selon leur énergie, qui dépend de la température de l'étoile, la lumière émise nous apparaîtra plutôt bleutée, jaune ou rouge orangé. Un vrai feu d'artifice !

Au fait, quelle est la différence entre une étoile et une planète ? *Réponse p. 16.*

AH BON ?

En traversant l'atmosphère terrestre, le rayon lumineux d'une étoile rencontre des variations de température et de pression qui le dévient. Un observateur terrestre voit une lumière tremblotante.
L'éclat des planètes paraît, lui, beaucoup plus stable. Situées plus près de nous, elles réfléchissent un rayon lumineux plus large et sont moins sensibles aux perturbations atmosphériques.

Combien de **temps** faut-il pour aller sur une autre *planète* ?

▷ **Beaucoup ! Il nous faudrait des mois pour atteindre Mars et plusieurs générations pour rejoindre une planète d'un autre système solaire.**

Les distances entre les planètes sont gigantesques. Dans le système solaire, notre plus proche voisine, Vénus, se trouve au minimum à 42 millions de km de la Terre. Pour nous y rendre à la vitesse d'une voiture sur l'autoroute, il faudrait 40 ans.

En filant 500 fois plus vite, les vaisseaux spatiaux font figure de limaces. Les modules Apollo, entre 1969 et 1972, avaient atteint la Lune en 5 à 7 jours. Les diverses missions robotisées sur Mars ont fait le voyage entre 7 et 9 mois.
La sonde la plus rapide jamais lancée par l'homme, New Horizon, a survolé Pluton à la périphérie du système solaire 9 ans après son lancement en 2006. Il lui faudrait 78 000 ans pour rejoindre Proxima b du Centaure qui est la planète la plus proche de la Terre en dehors du système solaire.

Avec les carburants chimiques utilisés aujourd'hui pour extraire les engins de l'attraction terrestre et les lancer à leur vitesse de croisière, il est difficile de faire mieux. Prendre plus de combustible ne sert à rien car l'essentiel du surplus serait utilisé pour propulser... le poids dudit combustible. Les physiciens planchent sur des sources d'énergie plus concentrées comme la propulsion nucléaire.

AH BON ?

Il n'est pas certain que l'on survivrait à de longs voyages spatiaux. L'apesanteur affaiblit considérablement le corps humain, notamment les os et les muscles. Les astronautes sont aussi soumis à des rayonnements dangereux qui augmentent le risque de cancer.

Comment le **Soleil** *chauffe*-t-il la Terre ?

▷ Contrairement à ce que l'on pourrait croire, ce n'est pas la chaleur du Soleil qui nous réchauffe… mais sa lumière.

Notre étoile, le Soleil, est une immense boule brûlante. Son cœur atteint 15 millions de degrés et sa surface 6 000 °C. La Terre orbite autour de cette fournaise à une distance de 150 millions de km et elle affiche une douce température de 18 °C en moyenne. Idéale pour que l'eau liquide y coule en abondance, que la vie y prospère… et accessoirement, que l'on puisse skier en hiver et se baigner en été.

Pourtant, la température clémente qui règne sur notre planète ne lui est pas transmise directement par son étoile. La chaleur, qui n'est rien d'autre qu'une agitation de molécules et d'atomes, ne se transmet pas dans le vide. Entre le Soleil et la Terre, il règne donc un froid glacial d'environ −270 °C !

Ce qui voyage, en revanche, ce sont les rayons lumineux. Quand ils arrivent sur Terre, ils transmettent leur énergie aux molécules de l'atmosphère et du sol qui l'absorbent et s'agitent. Ça chauffe. C'est ainsi que notre planète peut être hospitalière.

AH BON ?

La couche d'air enveloppant la Terre amplifie le chauffage solaire en laissant entrer les rayons lumineux. Une partie de leur énergie est convertie en chaleur. Une autre partie est renvoyée vers l'espace mais elle est bloquée par certains constituants de l'atmosphère qui la refoulent illico vers la Terre et contribuent eux aussi à la hausse de la température. C'est l'effet de serre.

Toutes les **planètes** sont-elles *dures*?

▷ Non. La Terre offre un plancher bien solide mais certaines planètes sont surtout constituées de fluides.

La composition des planètes dépend de la distance à laquelle elles orbitent de leur étoile. Les planètes les plus proches sont faites de roche dure et dense. Les plus éloignées présentent aussi une surface solide. En revanche, elle n'est pas constituée de roche mais de glace d'eau, de méthane ou d'azote par exemple.

Entre ces deux extrêmes, il existe des planètes géantes et gazeuses. Notre système solaire en compte quatre: Jupiter, Saturne, Uranus et Neptune. Elles sont faites d'éléments légers, essentiellement d'hydrogène et d'hélium. En théorie, on pourrait les traverser de part en part. Cependant, en pratique, rien ni personne ne supporterait une telle plongée.
Au-delà des nuages superficiels qui enveloppent les planètes gazeuses, les couches intérieures sont constituées d'un fluide de plus en plus épais, lourd et brûlant. Il y règne une température et une pression inimaginables. En 1995, la sonde Galileo avait été précipitée dans l'atmosphère de Jupiter et elle n'y a survécu que 57 min avant de se désintégrer.
En l'absence de mesure, l'intérieur de ces planètes gazeuses reste un large mystère.

Au fait, comment la Terre est-elle née? *Réponse p. 55.*

AH BON ?

Les planètes géantes gazeuses cachent un cœur de roches et de métaux. Mais il est tellement chaud et sous pression que les astronomes pensent qu'il pourrait être fluide.

Les **extraterrestres** *existent*-ils vraiment ?

▷ Certainement... Mais nous ne savons pas où les trouver.

Rien que dans la Voie lactée, les astronomes ont identifié plus d'une centaine de planètes habitables qui tournent autour d'autres étoiles. On y trouve systématiquement des molécules à base de carbone qui est le fondement de toute la chimie organique assemblant les protéines, glucides et lipides dont sont constitués les êtres vivants terrestres.

Il est statistiquement peu probable que nous soyons seuls dans l'Univers. La vie extraterrestre, y compris avec une intelligence comparable à la nôtre, est possible ailleurs. Alors s'ils existent, pourquoi ces êtres ne nous ont-ils pas contactés ?
Il pourrait y avoir de nombreuses raisons. Peut-être que cette vie extraterrestre n'a pas développé la technologie nécessaire. Ou bien elle a épuisé ses réserves puis a disparu avant de pouvoir nous envoyer un message. Ou bien encore le message est en route mais à cause de son origine lointaine, il mettra des milliers d'années à nous parvenir. Enfin, le message est peut-être arrivé mais cette civilisation étant très différente de la nôtre, nous ne l'avons pas reconnu.

Au fait, comment savoir si une autre planète est habitée ? *Réponse p. 93.*

AH BON ?

Mais à quoi ressemblent les extraterrestres ? Pour se déplacer sans tourner en rond, ils ont sûrement un corps symétrique. Leur taille sera limitée par le poids qu'ils peuvent supporter, ce qui dépend de la gravité exercée par la planète et donc de sa masse.
Les plus gros auront besoin de membres articulés et d'un squelette pour se mouvoir et interagir avec leur environnement. A vous d'imaginer le reste !

Quelle est la *taille* de l'Univers ?

▷ Sa partie observable est une sphère de 45 milliards d'années-lumière de rayon. Mais au-delà, il pourrait être infini.

L'Univers observable englobe tout ce que les Terriens parviendront jamais à détecter avec leurs instruments d'astronomie. Les télescopes les plus puissants captent désormais la lumière émise par les premiers astres de l'Univers, apparus il y a un peu plus de 13 milliards d'années.

Ce rayonnement ayant mis tout ce temps pour nous parvenir, on pourrait en déduire que l'Univers observable est une bulle dont nous occuperions le centre, et dont les frontières seraient situées à 13 milliards d'années-lumière de la Terre. Mais c'est sans compter sur l'expansion de l'Univers : depuis le Big Bang, il gonfle. Les galaxies qui le peuplent ne cessent de s'éloigner. La distance qui les sépare a été multipliée par deux en 10 milliards d'années environ. Pendant que l'image des étoiles les plus anciennes voyageait vers nous, ces astres ont donc pris le large. Au final, l'Univers observable comprend tous les objets contenus aujourd'hui dans une sphère nettement plus grosse, centrée sur la Terre. Sa limite, notre horizon cosmologique, est située à environ 45 milliards d'années-lumière. L'Univers observable par des extraterrestres serait une autre bulle, mais centrée sur eux… et de taille identique.

AH BON ?

Qu'y a-t-il au-delà de cette portion d'Univers que l'on peut observer ? Si l'on en croit les modélisations, ces ensembles d'équations mathématiques que les astrophysiciens utilisent pour décrire le Cosmos, on pourrait le parcourir indéfiniment.

Qu'est-ce qui dessine un *visage* sur la **Lune?**

▷ **La surface de notre satellite n'est pas uniforme. Les couleurs des roches et les reliefs y tracent des ombres.**

Ces taches sombres sont particulièrement bien visibles quand l'orbite en ellipse amène la Lune au plus près de la Terre et que ce moment coïncide avec la pleine lune. Les silhouettes qui se détachent sur le disque lunaire dépendent de la latitude depuis laquelle on l'observe.
Dans l'hémisphère nord, on peut en effet distinguer des yeux regardant vers le haut, un nez et une bouche souriante. Il faut dire que notre système visuel est conçu de manière à interpréter toutes les formes. Il possède un talent certain pour voir des visages partout.

Ces grandes surfaces grisâtres de notre satellite ont longtemps été prises pour des étendues d'eau. C'est pour cela qu'elles ont des noms de mer, poétiques : mer des Nuées, de la Tranquillité, de la Sérénité...

En réalité, ces taches sont des plaines qui se sont remplies de magma sombre lorsque la Lune était volcanique. Ces mers avoisinent des plateaux plus clairs car plus pauvres en roche magmatique.

Au fait, comment se forment les croissants de Lune? *Réponse p. 11.*

AH BON ?

La Lune présente toujours la même face à la Terre, plus ou moins éclairée par le Soleil. Sa face cachée, que nous ne voyons jamais, présente moins de mers sombres. Exposée aux météorites, elle est donc beaucoup plus marquée par des cratères de quelques millimètres à plusieurs centaines de kilomètres de diamètre.

D'où vient le *nom* des **constellations** ?

▷ L'Aigle, le Dragon, la Grande Ourse… Voilà des millénaires que les astronomes donnent des noms aux regroupements d'étoiles dans le ciel.

Les membres d'une même constellation ne sont pas forcément proches : deux étoiles peuvent sembler à côté l'une de l'autre mais l'une peut être très loin et briller très fort quand l'autre est moins lumineuse mais plus rapprochée. Naturellement, la vision humaine trace alors des lignes entre ces éclats voisins et imagine une forme qui est familière : chien, chasseur, crabe, bateau… Toutes les civilisations ont ainsi nommé des constellations. Cette manie aurait commencé dès la Préhistoire, si l'on en croit certaines peintures rupestres.

Plus tard, les astronomes de Mésopotamie, de Chine, de Grèce, du monde arabe puis occidental, ont continué à distinguer des regroupements familiers afin de s'y retrouver dans le ciel et dans les saisons.

Depuis 1920, les limites et les noms des constellations sont strictement définis par l'Union astronomique internationale. L'atlas officiel en reconnaît 88. Parmi elles, près de la moitié provient des astronomes de l'Antiquité grecque et babylonienne.

AH BON ?

La constellation d'Orion, reconnaissable à ses sept étoiles brillantes disposées en nœud papillon, est l'une des plus populaires. Dans la mythologie grecque, Orion est un chasseur vaniteux qui prétendait pouvoir vaincre n'importe quel animal. Il meurt piqué par un scorpion. Dans le ciel, sa constellation n'est jamais présente en même temps que celle de cet animal venimeux.

N'y a-t-il vraiment *rien* dans le **vide** ?

▷ En réalité si, l'espace entre les étoiles abrite une très faible densité de gaz.

Le vide est une notion théorique. Dans la pratique, l'Univers est plein de matière. Pour nous, qui vivons sur une planète enveloppée d'une atmosphère riche et lourde, la densité des éléments que l'on trouve dans l'espace paraît ridiculement faible.

Sur Terre, on capture environ 10 milliards de milliards de molécules dans un dé de 1 cm^3. Cette matière volatile au-dessus de nos têtes pèse environ 1 bar, au niveau de la mer. Mais au fur et à mesure que l'on s'éloigne de la surface, la pression s'allège. Sur la Lune, elle est 1000 milliards de fois plus faible. Dans notre dé, on ne compterait plus que 10 millions de molécules.

Entre les étoiles, dans la galaxie, la matière se concentre dans des nuages pleins d'hydrogène, avec des traces d'éléments plus lourds comme le carbone, l'oxygène ainsi que quelques molécules complexes, des poussières et de minuscules particules de glace d'eau. Dans ces nuages, on ne compte plus que quelques milliers de molécules par cm^3. Enfin, dans les zones les plus dépeuplées de l'espace, on ne trouve qu'un atome par cm^3, bien seul…

Au fait, pourquoi flotte-t-on dans l'espace ? *Réponse p. 15.*

AH BON ?

Que se passe-t-il si l'on se jette dans le vide intersidéral sans scaphandre ? Le principal intérêt de cette carapace est de maintenir une pression normale autour du corps de l'astronaute. Sans elle, tous les fluides s'en échapperaient en s'évaporant. L'oxygène quitterait alors les poumons du malheureux qui mourrait asphyxié en quelques secondes.

Comment le **Soleil** fait-il pour *disparaître* en plein jour ?

▷ C'est une simple histoire de cache-cache. Quand la Lune s'interpose entre nous et notre étoile, elle l'éclipse.

Mais comment diable le Soleil, bien plus gros que notre satellite, peut-il disparaître derrière lui ? Par un drôle de hasard, notre Lune est 400 fois plus petite que le Soleil mais 400 fois plus proche ! Un petit calcul géométrique indique que de fait, le disque lunaire peut occulter exactement le diamètre visible du Soleil si ce dernier se trouve pile dans son axe.

Vus de la Terre, notre satellite et notre étoile semblent nous tourner autour. S'ils effectuaient ce trajet sur le même plan, nous pourrions contempler une éclipse solaire à chaque nouvelle lune puisque c'est le moment où la Lune se place entre notre planète et son étoile. Mais ce n'est pas le cas. Le plus souvent, la Lune passe au-dessus ou au-dessous du Soleil. Elle ne l'occulte que lors de certaines nouvelles lunes, environ tous les 6 mois pendant quelques minutes.

Et encore ! Pour observer une éclipse totale, il faut se trouver dans l'alignement exact des deux astres depuis la surface terrestre. Sinon, nous apercevrons toujours un morceau de Soleil. En Europe de l'Ouest, notamment en France et en Suisse, la prochaine éclipse totale sera visible le 3 septembre… 2081.

AH BON ?

Quand la Terre se trouve entre la Lune et le Soleil, au moment où les trois objets célestes sont parfaitement alignés, notre planète empêche les rayons solaires d'illuminer la pleine lune. Durant quelques heures, son ombre va se projeter sur la Lune.

Qu'y a-t-il dans la *queue* d'une **comète** ?

▷ On y trouve des gaz et de la poussière qu'elle laisse échapper en se rapprochant du Soleil.

Les comètes sont des boules de neige sale très irrégulières et gigantesques. Elles peuvent mesurer de quelques centaines de mètres à plusieurs dizaines de kilomètres de diamètre. Elles tournent autour de leur étoile à des milliers, voire centaines de milliers de kilomètres par heure. Parce que leur orbite ne décrit pas un cercle mais une ellipse très allongée, leur trajectoire les amène des confins sombres et glacés du système solaire jusqu'à son centre chaud et lumineux.

Elles passent alors un mauvais moment : fouettées par des vents de particules solaires, attirées par la masse de l'astre mais repoussées par ses rayonnements, elles surchauffent et commencent à se désintégrer. Tout autour d'elles, leurs débris forment comme une chevelure.

Cela produit aussi des traînées derrière elles, constituées de poussière qui brillent au Soleil et de gaz tels que l'hydrogène ou le monoxyde de carbone.
Très lumineuses, ces queues de comète peuvent s'étendre sur des dizaines de millions de kilomètres et être vues depuis la Terre. Du grand spectacle !

Au fait, qu'est-ce qu'une étoile filante ?
Réponse p. 8.

AH BON ?

En 2014, un robot appelé Philae a envoyé les premières photos jamais prises depuis le sol d'une comète. Après un voyage de 10 ans, il s'était posé sur le noyau de Tchouri pour en analyser la composition.

Comment *naviguer* grâce aux étoiles ?

▷ Il faut mesurer la hauteur des astres dans le ciel.

Imaginez que vous vous réveilliez un beau jour dans un endroit inconnu. Si l'événement a lieu en été et que vous observez le Soleil en position basse sur l'horizon et qui se couche très tard, vous en déduirez que l'on vous a largué près du pôle Nord.

C'est le principe de la navigation astronomique : la voûte céleste n'a pas la même apparence quand vous l'observez depuis différents points du globe terrestre. Avec un sextant, vous pouvez mesurer la hauteur au-dessus de l'horizon de certains astres servant de repères comme la Lune, le Soleil, Vénus, des étoiles brillantes... Pour situer plusieurs objets célestes avec précision et voir en même temps la ligne d'horizon, ces observations seront réalisées à l'aube ou au crépuscule.
Pour compliquer la chose, le trajet des astres dans le ciel va varier toute l'année. Le Soleil est plus haut dans le ciel en été par exemple. Une fois les astres localisés et l'heure exacte notée, il faut ensuite se munir d'une éphéméride qui recense leur position pour chaque jour de l'année. A l'aide de quelques formules mathématiques, vous pourrez déduire votre situation sur une carte.

AH BON ?

Les oiseaux migrateurs utilisent la position du Soleil pour s'orienter. Ils savent même corriger leurs observations selon l'heure de la journée. Des expériences sur des passereaux bleus montrent que ces oiseaux se servent du mouvement de la rotation de la voûte étoilée pour déterminer la direction à prendre lors de leur migration.

Combien y a-t-il de **planètes** dans notre *système solaire* ?

▷ **Nous en comptons officiellement huit aujourd'hui. Mais ce ne fut pas toujours le cas.**

Au cours de l'Histoire, les astronomes en ont distingué entre cinq et douze. L'Union astronomique internationale, qui fixe les noms et les catégories des objets célestes, a récemment fait le ménage dans ses définitions. Les planètes du système solaire doivent répondre à trois critères.

Primo, elles orbitent autour du Soleil. Les satellites naturels, comme notre Lune, ne rentrent pas dans cette catégorie.
Secundo, elles sont suffisamment grosses pour être rondes. Exit donc les comètes, astéroïdes ou poussières.
Tertio, elles ont fait place nette sur leur orbite, soit en éjectant les autres corps qui s'y baladaient, soit en les attirant pour en faire des satellites naturels.

Seuls huit objets répondent à ces critères.

Dans l'ordre de distance croissante au Soleil, il s'agit de Mercure, Vénus, la Terre, Mars, Jupiter, Saturne, Uranus et Neptune. Le compte est bon.

AH BON ?

Pluton a été considéré comme la neuvième planète du système solaire jusqu'en 2006. Il a alors été déclassé car il partage son orbite avec d'autres corps glacés de la ceinture de Kuiper. Pluton fait désormais partie des planètes naines, une famille qui compte aujourd'hui cinq membres mais qui pourrait à terme en inclure des centaines.

Peut-on *tomber* dans un **trou noir?**

▷ **En théorie oui, si on s'approche trop. Heureusement, aucun d'entre eux ne nous menace.**

Un trou noir est un objet très dense qui accumule une masse énorme dans un espace relativement petit. Pour fabriquer un trou noir à partir de la Terre, il faudrait la comprimer jusqu'à ce qu'elle fasse la taille d'une bille !

Comme n'importe quel objet céleste, un trou noir exerce une force d'attraction sur ce qui l'entoure. Si un vaisseau spatial s'en approchait, il se sentirait attiré par cette gravité. Mais tant qu'il tient ses distances, il pourra s'en éloigner d'un coup d'accélérateur. Et cela vaut mieux pour lui.
Le trou noir est en effet entouré d'une frontière virtuelle appelée « horizon des événements ». Au-delà de cette limite invisible, la gravité est si forte que rien ne s'en échappe, même pas la lumière. C'est pour cela que le trou noir porte ce nom.

Si vous franchissiez cette frontière, les théoriciens ne savent pas vraiment ce qui vous arriverait. Vaporisé en percutant un mur d'énergie ? Mortellement étiré comme un spaghetti lors de votre chute vers le centre ? Figé dans le temps avec la sensation que rien de spécial ne vous arrive ? Heureusement qu'aucun trou noir ne se trouve dans les environs de notre planète.

Au fait, existe-t-il des univers parallèles ?
Réponse p. 101.

AH BON ?

Comme la plupart des galaxies, notre Voie lactée abrite en son centre un trou noir supermassif. Appelé Sagittaire A*, il pèse 4 millions de fois la masse du Soleil.
A 28 000 années-lumière de la Terre, il est bien trop loin pour constituer un danger.

Pourquoi le **Soleil** paraît-il *rouge* quand il se couche ?

▷ C'est parce que sa lumière est dépossédée de ses autres couleurs en traversant l'atmosphère.

Quand le Soleil brille au-dessus de nos têtes, les rayons lumineux qui nous parviennent ont traversé l'atmosphère à la verticale. Il s'agit du chemin le plus court pour atteindre nos yeux, mais aussi celui qui affecte le moins la lumière solaire.

Lors de leur traversée de l'atmosphère, les rayonnements rencontrent des molécules de gaz qui les dévient. Cependant, toutes les composantes de la lumière ne sont pas touchées de la même manière.
La lumière blanche du Soleil est en fait un mélange de toutes les couleurs de l'arc-en-ciel que les gouttes d'eau des nuages peuvent séparer. Les particules atmosphériques ont le même effet : elles dévient fortement les rayonnements violets puis les bleus, un peu moins les verts et jaunes, et encore moins les orange et rouges. Plus les rayons sont rouges, moins ils sont dispersés par l'atmosphère… et plus ils ont de chances de la traverser en ligne droite.

Quand le Soleil nous apparaît bas sur l'horizon, à son lever ou à son coucher, son image nous parvient alors après avoir traversé l'atmosphère en diagonale. C'est un long chemin où elle va alors subir de nombreuses dispersions. Seuls les rayonnements rouges réussissent à surmonter cette épreuve sans trop de perturbation, d'où la couleur de l'astre.

AH BON ?

La composante bleue du rayonnement solaire est très affectée par les gaz atmosphériques : c'est pour cela que le ciel paraît bleu. Comme l'image que nous percevons de notre Soleil a été privée de cette composante, nous ne le voyons pas blanc, mais jaune.

Comment la **Terre** est-elle *née* ?

▷ Elle s'est formée à partir de poussières qui tournaient autour du Soleil.

Le système solaire, c'est-à-dire notre étoile et tout ce qui lui tourne autour, s'est formé il y a 4,57 milliards d'années à partir d'un immense nuage de gaz qui s'est effondré en s'enroulant sur lui-même. La majeure partie est tombée au centre où l'étoile s'est allumée. Le reste a continué à tourner autour, formant un disque où la matière s'est répartie selon sa densité : les éléments les plus lourds se sont placés à proximité du Soleil et les plus légers en périphérie.

Au gré des collisions, ces résidus se sont agglomérés. Ils ont alors formé des petits astéroïdes qui ont grossi, accumulant de plus en plus de matière. C'est donc ainsi qu'à 150 millions de km environ du Soleil, est apparue la Terre, il y a maintenant 4,54 milliards d'années. Essentiellement composée de silicium, de carbone et de fer, elle a pris la forme d'une petite planète rocheuse et dense.

Dans un premier temps, les astéroïdes ont continué à alimenter la planète et à échauffer sa surface. Son intérieur s'est structuré. Les métaux fondus ont coulé vers le centre et formé un noyau. Le fer liquide, entraîné par la rotation de la Terre, a créé un bouclier magnétique qui protège la vie terrestre des particules cosmiques.

AH BON ?

Une température douce, de l'eau à foison et des éléments chimiques propices à la vie comme l'hydrogène, le méthane, l'ammoniac... C'est ce cocktail qui a donné naissance aux premières formes de vie, les bactéries, il y a environ 3,8 milliards d'années.

Les **astres** peuvent-ils entrer en *collision* ?

▷ Dans un Univers sans cesse en mouvement, les accidents sont fréquents. Et parfois spectaculaires…

Les objets célestes sont des bolides sans pilote lancés à pleine puissance dans le Cosmos. Les astéroïdes foncent à des dizaines de milliers de km/h. Leur trajectoire est parfois erratique et tous ne vont pas à la même vitesse. Pas étonnant que les carambolages entre astéroïdes soient légion ! Certains s'écrasent sur des corps bien plus gros : chaque jour, 230 corps de plus de 10 g tombent sur Terre.

Les planètes ne sont pas plus disciplinées, même si les accidents sont plus rares. C'est en effet une collision entre deux d'entre elles qui a donné naissance à la Lune, il y a 4,5 milliards d'années.

Quant aux étoiles, elles aussi peuvent se rapprocher dangereusement. Elles vont tomber l'une dans l'autre puis fusionner. C'est l'un des phénomènes les plus violents dans l'Univers puisqu'il émet des rayonnements gamma très énergétiques. En 2022, nous devrions observer l'éclat rouge émis par la collision de deux étoiles dans la constellation du Cygne.

Au fait, le ciel peut-il nous tomber sur la tête ? *Réponse p. 67.*

AH BON ?

Les galaxies peuvent aussi se rencontrer. Notre voisine Andromède se dirige tout droit vers la Voie lactée à plus de 80 000 km/h. Elles devraient commencer à s'interpénétrer dans 4 milliards d'années environ. Les effets de marée balaieront sans doute le système solaire hors de notre Galaxie… mais d'ici là, notre Soleil sera déjà bien moribond.

Peut-on *vivre* ailleurs dans le **système solaire?**

▷ Pour un humain, vivre sur une autre planète du système solaire serait très compliqué. Mais d'autres formes de vie pourraient s'y épanouir.

Un sol ferme, de l'eau, de la chaleur mais pas trop et une atmosphère respirable: aucune autre planète du système solaire ne rassemble aujourd'hui toutes ces conditions nécessaires à la vie humaine. La Lune et Mercure n'ont pas d'atmosphère, Vénus est une fournaise de 460 °C à la pression écrasante, Mars n'abrite pas d'eau liquide, les géantes sont gazeuses et leurs satellites gelés. Aucune de leur atmosphère ne contient assez d'oxygène pour assurer notre survie.

Pourtant, d'autres espèces vivantes se sont adaptées à ces conditions extrêmes. Sur Terre, on trouve bien des bactéries sous les glaces polaires ou à proximité de sources chaudes à des milliers de mètres sous la surface des océans. Mais sur Mars, la recherche de vie extraterrestre n'a rien donné pour l'instant.

Depuis quelques années, des exobiologistes* s'intéressent à Europe, un satellite de Jupiter. Sous la banquise qui recouvre un océan salé et acide, près de sources hydrothermales, une forme de vie inconnue pourrait avoir prospéré, qui sait?

AH BON ?

L'homme pourrait sûrement s'expatrier s'il parvenait à recréer des conditions de vie favorables ailleurs. Certains imaginent ainsi terraformer Mars. Il s'agirait de réchauffer cette planète en relâchant dans l'atmosphère des gaz à effet de serre, d'y planter des végétaux pour enrichir l'air en oxygène, etc. Pour l'instant, ce scénario relève de la science-fiction.

* Spécialistes de la recherche concernant la vie extraterrestre.

La **Lune** agit-elle sur la *Terre* ?

▷ **Notre satellite a beaucoup d'influence sur le système terrestre. Mais pas forcément celle qu'on croit.**

Comme tous les corps massifs et voisins de l'Univers, la Lune et la Terre exercent l'une sur l'autre une forte attraction. C'est cette gravité qui tient le satellite en orbite autour de notre planète. Mais elle fonctionne aussi dans l'autre sens. La présence de la Lune influence le mouvement de la Terre. Sans elle, notre planète tournerait autour du Soleil en oscillant beaucoup plus fortement, un peu comme une toupie mal lancée.
En stabilisant la rotation terrestre, la Lune contrôle la répartition de la lumière et de la chaleur solaires sur le globe au fil des saisons. Elle règle ainsi notre climat et notamment le rythme auquel les ères glaciaires se succèdent.

A l'échelle d'une vie humaine, l'influence de notre satellite s'observe essentiellement avec l'attraction qu'il exerce sur les océans. En attirant cette masse d'eau liquide qui recouvre 71% de la surface terrestre, la Lune provoque les marées. Leur amplitude est plus forte lors de la pleine lune et de la nouvelle lune. C'est donc à ces périodes qu'il faut chausser ses bottes et partir à la pêche à pied.

AH BON ?

On entend souvent que la Lune influence notre humeur, notre caractère, la croissance des plantes et même le nombre de naissances. Mais aucun de ces effets n'a jamais été vérifié.

Le **Soleil** brillera-t-il *toujours* ?

▷ Non, notre étoile s'éteindra dans un peu plus de 5 milliards d'années. Mais il n'y aura plus personne pour le voir.

Comme les autres étoiles de l'Univers, le Soleil tire son énergie lumineuse des réactions nucléaires qui se produisent en son cœur. Les atomes d'hydrogène qu'il abrite fusionnent pour former de l'hélium. Aujourd'hui, les trois quarts de la masse du Soleil sont composés d'hydrogène. Chaque seconde, il en consume 627 millions de tonnes.

Les calculs montrent que notre astre en est à la moitié de sa vie. Dans environ 5 milliards d'années, tout l'hydrogène de son cœur sera converti en hélium. Une réaction de fusion nucléaire transformera alors le Soleil en géante rouge, 100 fois plus volumineuse que l'actuelle naine jaune. Elle englobera Mercure et Vénus et transformera la Terre en un désert calciné. Alors que les couches externes de l'astre, riches d'hydrogène et d'hélium, s'échapperont dans l'Univers, le cœur de la géante rouge se contractera. Sa température va encore augmenter, ce qui permettra de fusionner les noyaux d'hélium pour donner des éléments de plus en plus lourds : du carbone, de l'azote, de l'oxygène...
Elle se convertira ainsi en naine blanche faiblement lumineuse qui s'éteindra progressivement jusqu'à devenir une naine noire.

Au fait, le Soleil est-il une étoile comme les autres ? *Réponse p. 80.*

AH BON ?

Toute la matière perdue par le Soleil au cours de son agonie constituera un immense nuage de gaz chaud. Celui-ci ira enrichir l'espace interstellaire et fera alors partie, un jour, d'un nouveau nuage, où naîtront d'autres étoiles.

Quel est l'objet le plus lointain visible à l'œil nu ?

▷ **Tout dépend de votre acuité visuelle et des conditions atmosphériques. Dans tous les cas, il s'agit d'une galaxie.**

Gigantesques regroupements d'étoiles répartis sur des disques larges de milliers d'années-lumière, les galaxies sont les objets les plus lointains perceptibles par l'œil humain.

Dans l'hémisphère nord, par une nuit dégagée, on distingue l'ovale de la galaxie d'Andromède, dans la constellation du même nom. Pourtant, cette voisine immédiate de notre Voie lactée est située à 2,5 ou 3 millions d'années-lumière ! Il y a plus de 1000 ans, les Persans la décrivaient déjà comme un « petit nuage ». Elle est constituée de quelques mille milliards d'étoiles, réparties sur un disque deux fois plus large que notre Galaxie.

Andromède est aussi l'objet le plus étendu visible à l'œil nu : son diamètre apparent vaut six fois celui de la Lune. Avec une simple lunette d'astronome amateur, vous admirerez même ses bras en spirales. Dans de très bonnes conditions météorologiques, vous pourrez même peut-être repérer la galaxie du Triangle. A peine plus éloignée qu'Andromède, elle est cependant moins lumineuse et seuls des yeux de lynx la distingueront.

Au fait, pourquoi mesure-t-on l'espace en années-lumière ? *Réponse p. 71.*

AH BON ?

Si vous levez la tête dans l'hémisphère nord vous identifierez facilement la constellation de Cassiopée, en forme de W.
L'étoile qui se trouve à l'extrémité droite du W est Rhô de Cassiopée. C'est l'étoile la plus éloignée visible sans appareil, située à environ 8 000 années-lumière de la Terre.

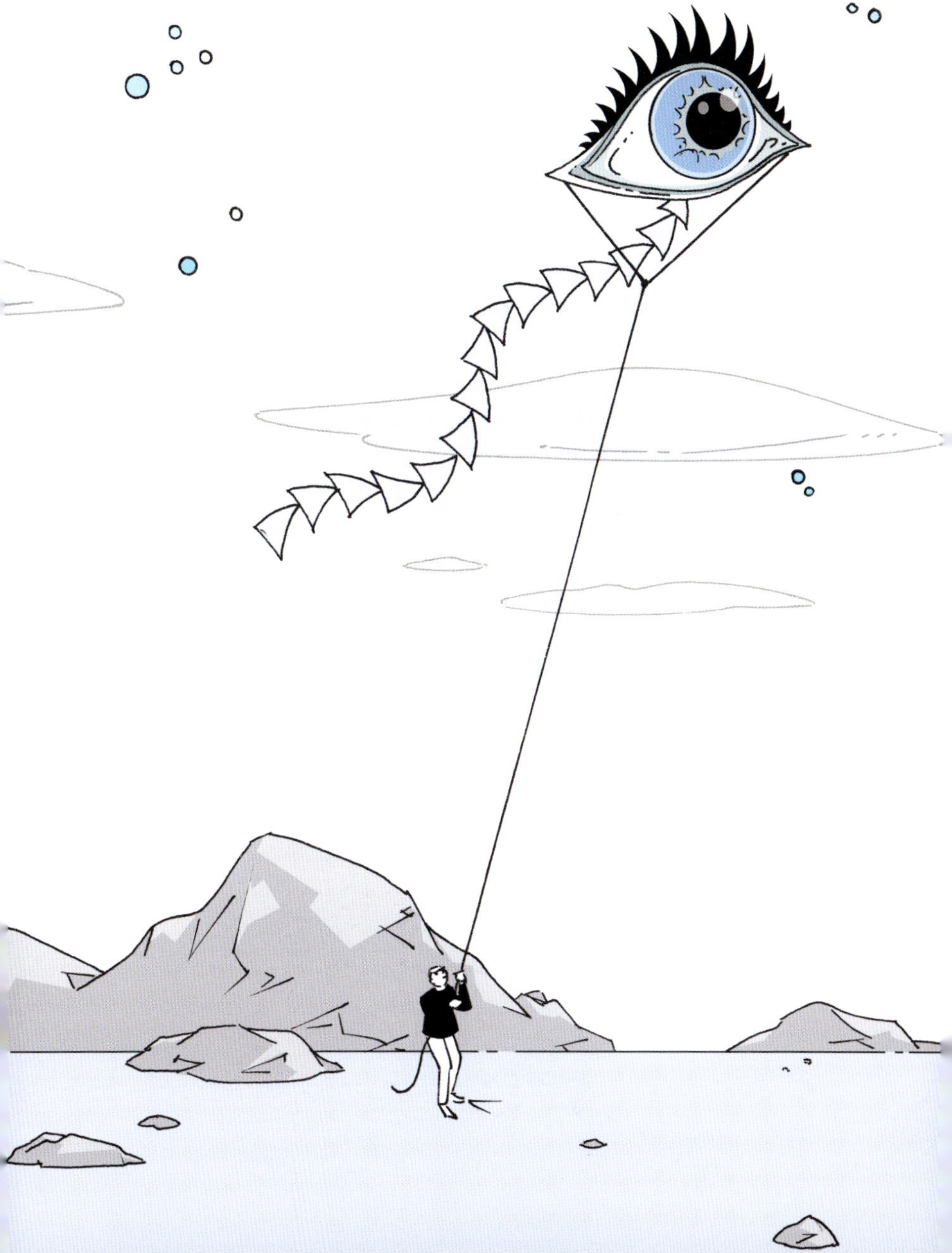

Le **ciel** peut-il nous tomber *sur la tête* ?

▷ **Oui, cela arrive même tous les jours.**

Au-dessus de nos têtes, dans le système solaire, de gigantesques corps rocheux se baladent. Des centaines de milliers d'entre eux orbitent autour du Soleil, dans la ceinture entre Mars et Jupiter. D'autres préfèrent errer sur une trajectoire plus imprévisible. Ceux qui s'approchent de notre planète et risquent de nous tomber sur le coin du nez sont des géocroiseurs.

Heureusement, la plupart sont peu épais. Fractionnés par leur passage dans l'atmosphère, ils ne font que saupoudrer le sol. Ensemble, ils pèsent généralement plus de 15 000 tonnes tout de même. Mais seuls les morceaux les plus gros sont vraiment dangereux. Il y a 65 millions d'années, un astéroïde de 10 km de diamètre a ainsi provoqué une extinction massive des espèces vivant sur Terre, menant entre autres, les dinosaures, à la disparition.

En février 2013, un rocher de 17 m de diamètre pesant 7 000 tonnes a explosé 30 km au-dessus de la ville de Tcheliabinsk en Russie. Le souffle de l'explosion, 20 fois plus puissant que celui de la bombe de Hiroshima, a causé l'effondrement d'immeubles et a blessé 1600 personnes.

Les géocroiseurs susceptibles de chuter sur Terre sont donc répertoriés et étroitement surveillés. Pour l'instant, la liste ne compte aucun géant capable de provoquer une autre catastrophe planétaire.

AH BON ?

Que faire si un géocroiseur menace la Terre ? S'il est petit, on pourrait déplacer les populations concernées. Mais s'il est plus gros, on envisagerait d'y poser une sonde pour le dévier de sa trajectoire grâce à la poussée d'un moteur.

Quelle est la *différence* entre l'astronomie et l'astrologie ?

▷ La première est une science et la seconde un ensemble de croyances... très contestées.

Les astronomes cherchent à comprendre de quoi sont faits les astres et ce qu'ils font là. Pour cela, ils adoptent une démarche scientifique.
Ils observent leur apparence et leur mouvement avant d'émettre des hypothèses. Ils vont alors en déduire des lois décrivant le mieux possible ce comportement et permettant de prédire l'évolution des astres. Ils testent ensuite leurs hypothèses avec des expériences et de nouvelles observations. Si celles-là ne collent pas avec leur théorie, cette dernière est remise en cause. Une telle démarche assure la solidité des connaissances astronomiques.

L'astrologie, elle, est une croyance. Selon les astrologues, les phénomènes célestes annoncent des événements importants qui se produisent sur Terre : une comète indique par exemple l'avènement d'un roi ou d'une catastrophe, une éclipse celui d'une guerre... Les astrologues croient aussi que la disposition des astres dans le ciel influence la personnalité et la destinée des personnes. La validité de telles prédictions n'a jamais été démontrée.

AH BON ?

Capricorne, Poisson, Bélier, Cancer... Votre signe du zodiaque correspond en théorie à la constellation où se trouvait le Soleil le jour de votre naissance. Mais les dates figurant dans l'horoscope ont été fixées dans l'Antiquité. Depuis, la voûte céleste a évolué. Aujourd'hui, si vous êtes né début mai, on vous étiquette Taureau alors que le Soleil se lève en Bélier à cette période.

Pourquoi mesure-t-on l'**espace** en *années lumière* ?

▷ **Dans l'espace, les distances sont tellement grandes qu'on ne peut pas les mesurer en mètres.**

Il faudrait en effet des chiffres à rallonge. Le Soleil se trouve par exemple à 150 millions de km environ. L'étoile la plus proche du système solaire, Alpha du Centaure, est située 300 000 fois plus loin.

Contrairement à ce que son nom suggère, l'année-lumière n'est pas une durée mais une longueur. Il s'agit de la distance parcourue dans le vide par la lumière en une année. Au XVIIe siècle, les savants ont pris conscience que la lumière ne se déplaçait pas instantanément mais bien à une certaine vitesse. D'après la théorie de la relativité d'Albert Einstein, rien ne peut aller plus vite qu'elle. Elle constitue donc une bonne référence pour mesurer les distances entre les différentes parties de l'Univers.

En une seconde, elle parcourt près de 300 000 km. En une année, elle en totalise 9 461 milliards pour être exact.

Grâce à cette unité, Alpha du Centaure n'est qu'à 4,2 années-lumière de la Terre. Enfin une quantité raisonnable. La galaxie la plus proche, Andromède, se situe quand même à 2,5 millions d'années-lumière.

Au fait, comment un télescope fait-il pour voir aussi loin ? *Réponse p. 99.*

AH BON ?

Pour se rendre compte des espacements à l'intérieur du système solaire, on peut utiliser comme unité la distance entre la Terre et le Soleil, appelée unité astronomique (UA). Elle vaut environ 150 millions de km. La Terre est donc à 1 UA du Soleil, Mars à 1,5 UA et Jupiter à 5,2 UA.

Qui a *marché* sur la **Lune**?

▷ A ce jour, 12 hommes ont déjà marché sur notre satellite naturel. Mais c'était il y a plusieurs décennies.

En 1961, les États-Unis lançaient le programme Apollo. Son but était d'envoyer des hommes sur la Lune. Il a fallu huit ans de préparatifs à l'agence spatiale américaine, la NASA, pour y parvenir.
Le 21 juillet 1969, Neil Armstrong pose le pied sur ce satellite pour la première fois. Il prononce alors ces paroles cultes: «C'est un petit pas pour l'homme mais un bond de géant pour l'humanité».
Lui et son collègue Buzz Aldrin plantent un drapeau américain puis parcourent le sol lunaire pendant 2h30. Ils remontent ensuite dans le module qui les ramènera à la navette, restée en orbite et pilotée par un troisième astronaute. Tous rentrent alors sur Terre.

Entre 1969 et 1972, il y a eu six missions Apollo réussies au cours desquelles douze astronautes marchèrent sur la Lune. Ces missions ont permis d'installer des stations de mesure sur notre satellite et de ramener 382 kg de roche lunaire.
Mais depuis, les missions envoyant des humains ont seulement concerné les stations spatiales internationale, soviétique et chinoise, situées en orbite autour de la Terre entre 220 et 420 km d'altitude.

Au fait, comment devient-on astronaute?
Réponse p. 84.

AH BON ?

Aucun humain n'a jamais mis les pieds sur un corps du système solaire autre que la Terre ou la Lune. Pour des raisons de coûts et de sécurité, seuls des sondes et des véhicules automatiques se sont posés sur Mars, Vénus, Titan, le satellite naturel de Saturne, deux comètes et trois astéroïdes.

Tous les **points** brillant dans le ciel sont-ils des *étoiles* ?

▷ **Ce sont souvent des étoiles mais beaucoup d'autres corps lumineux éclairent le ciel nocturne.**

La nuit, la principale source de lumière provient de notre satellite, la Lune. Celle-ci réfléchit les rayons du Soleil. Autour d'elle, on aperçoit plusieurs milliers d'étoiles qui brillent d'elles-mêmes. Elles constituent la grande majorité des points lumineux du ciel.
Mais il y a quelques intrus. Six planètes du système solaire renvoient suffisamment de rayons du Soleil pour être visibles. La plus brillante est Vénus, aussi appelée l'étoile du Berger, suivie de Jupiter. Puis viennent Mars, teintée de rouge, Saturne et la plus ténue, Mercure.

Deux ou trois nébuleuses peuvent aussi être repérées à l'œil nu, comme la nébuleuse trifide dans la constellation d'Orion. Ces nuages de gaz, qui émettent de la lumière ou réfléchissent celle d'étoiles voisines, apparaissent comme une tache lumineuse diffuse. Si vous voyez un objet plutôt ovale, il s'agit peut-être d'une des deux ou trois galaxies que l'on peut apercevoir depuis la Terre.
Quelques objets beaucoup plus proches peuvent également illuminer le ciel terrestre : les comètes, reconnaissables à leur queue diaphane ou les éphémères étoiles filantes.

AH BON ?

En plus des astres, beaucoup d'objets artificiels s'immiscent dans les paysages célestes. Les phares des avions soulignent leur trajectoire d'un bout à l'autre du ciel, les satellites reflètent la lumière du Soleil et sont plutôt visibles le soir ou le matin.
Mais c'est la station spatiale internationale qui est l'objet de plus brillant du ciel après le Soleil et la Lune.

De quoi sont faites les **aurores** *boréales* ?

▷ **Ces écharpes colorées s'allument dans le ciel quand des particules venues du Soleil percutent l'atmosphère.**

Notre étoile perd en permanence de la matière sous forme de vent chargé d'électricité. Avant tout composés d'électrons et d'hydrogène, ces flux de particules balaient continuellement la Terre.
Heureusement, notre planète possède une arme secrète pour s'en protéger : le fer fluide qu'elle abrite en son cœur crée autour d'elle un bouclier magnétique invisible qui dévie les flux de particules et les empêche de pénétrer son atmosphère.

Cette protection comprend des failles où les particules solaires peuvent s'engouffrer. Il suffit que ces espaces s'agrandissent ou que le Soleil émette des rafales plus puissantes pour que le flux de particules pénètre alors l'atmosphère au niveau des pôles Nord ou Sud et électrise les gaz qu'il rencontre.

Chargées d'énergie, les molécules atmosphériques s'en débarrassent en émettant de la lumière : beaucoup de vert mais aussi du jaune, bleu, violet... L'aurore s'anime dans le ciel pendant quelques minutes ou quelques heures.

AH BON ?

Si l'orage magnétique solaire est très intense, on peut observer des aurores boréales plus près de l'équateur. A l'automne 2003, l'une d'elles a été aperçue au sud de l'Europe. D'ailleurs, les autres planètes ont aussi leurs aurores boréales. On en a observées notamment sur Jupiter, Saturne et Mars.

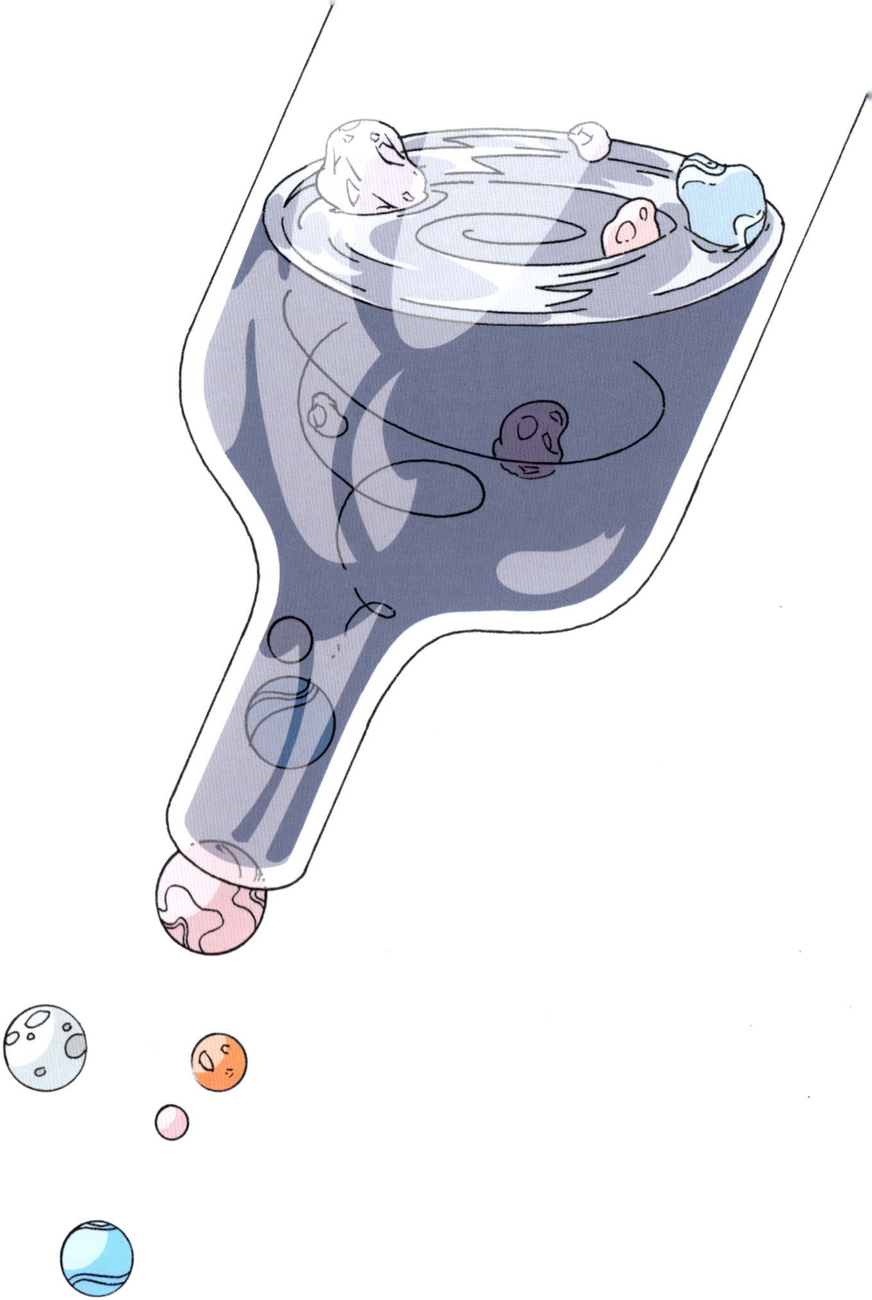

Pourquoi les **planètes** sont-elles *rondes* ?

▷ **Comme les mains d'un potier, la gravité les a façonnées en forme de boule.**

Tous les corps de l'Univers exercent une force d'attraction autour d'eux. C'est d'ailleurs en attirant des grains de poussière et des cailloux qu'ils se sont formés. Sur Terre, la gravité maintient aussi nos pieds sur le sol.

Cette attraction s'exerce également sur les montagnes, les océans et tout ce qui constitue le corps céleste en lui-même. Pour peu que la masse de ce dernier soit suffisante, cette force est si puissante qu'elle attire vers le centre les éléments les plus lourds et laisse en surface les plus légers. L'intérieur de la planète s'organise alors en couches, avec les matériaux les plus denses, comme les métaux, au centre et une écorce plus légère en périphérie. En surface, les reliefs sont aplanis jusqu'à donner à l'ensemble une forme à peu près ronde.

Ce phénomène se produit si le diamètre de l'astre dépasse 400 à 600 km, soit un dixième du diamètre de la Lune. Les objets plus petits et donc plus légers, ne sont pas assez massifs pour que la gravité brise la rigidité des roches. Les astéroïdes, par exemple, gardent leur forme biscornue.

Au fait, toutes les planètes sont-elles dures ? *Réponse p. 31.*

AH BON ?

En réalité, notre Terre n'est pas parfaitement sphérique. Parce qu'elle tourne sur elle-même comme une toupie, ses pôles sont aplatis et un bourrelet est présent à l'équateur. Les montagnes forment des bosses et les océans des creux. La Terre est donc plutôt patatoïde !

Le **Soleil** est-il une *étoile* comme les autres ?

▷ Notre étoile est une naine jaune d'un type assez ordinaire dans la Galaxie.

Le Soleil est l'étoile la plus proche de la Terre et de ce fait celle que nous connaissons le mieux. Depuis 1959, 14 sondes sont déjà allées l'observer de plus près. Même si pour nous, il est unique, il ressemble à beaucoup d'autres étoiles dans l'Univers. Il est classé parmi les étoiles naines. Les plus grosses sont en effet 100 fois plus massives et les plus petites 10 fois moins.

Même s'il n'a rien d'extraordinaire, notre Soleil n'appartient pas non plus à la catégorie la plus courante du Cosmos. Il est plus chaud et brillant que la moyenne. Sa surface affiche environ 6 000 °C et sa couleur jaune tire sur le blanc. Environ 85 % des étoiles de la Voie lactée sont des naines rouges dont la température de surface est inférieure à 4 000 °C.

Le Soleil se distingue aussi par sa solitude. Plus de la moitié des étoiles de l'Univers vivent au sein de systèmes multiples ou en couple, tournant l'une autour de l'autre. La nôtre est en revanche entourée de 8 planètes, ce qui est beaucoup. Dans notre Galaxie, chaque étoile a 1,6 planète en moyenne.

Au fait, le Soleil brillera-t-il toujours ? *Réponse p. 62.*

AH BON ?

Vous pouvez admirer son lever et son coucher sans danger. Mais ne regardez jamais le Soleil en journée sans lunettes protectrices spéciales, même s'il est partiellement occulté par un nuage ou une éclipse. La luminosité est telle qu'il chauffe la rétine et peut l'endommager. L'observer avec des jumelles ou un téléobjectif sans les filtres adéquats peut même rendre aveugle.

Pourquoi voit-on parfois la **Lune** en *plein jour* ?

▷ Son orbite autour de la Terre l'amène au-dessus de nos têtes de nuit comme de jour.

Contrairement à ce que l'on croit parfois, la Lune et le Soleil ne sont pas présents à tour de rôle dans le ciel. Du jour au lendemain, les heures du lever et du coucher de l'astre solaire varient peu.
Les horaires de la Lune sont en revanche plus irréguliers. En 27 jours, notre satellite fait progressivement le tour de la planète et ses passages sont retardés en moyenne de 52 min chaque jour.

Il arrive donc que la Lune apparaisse en début de soirée et luise toute la nuit. Mais le lendemain, elle se lèvera et se couchera près d'une heure plus tard… Si bien qu'au bout d'une douzaine de jours, elle se lève au petit matin et se couche le soir, comme notre étoile. Vous pourrez alors l'admirer en plein jour car sa surface est suffisamment claire et proche pour être visible.

En journée, il n'y a jamais de pleine lune. Cette phase ne se produit que quand notre satellite se place à l'opposé du Soleil par rapport à la Terre, donc du côté non éclairé de notre planète. Lorsque la Lune se voit le jour, c'est qu'elle est en phase croissante. Si elle se lève la nuit, elle est décroissante.

AH BON ?

Le disque lunaire semble parfois anormalement grand. Il s'agit d'une illusion d'optique qui se produit quand la Lune apparaît basse sur l'horizon. Notre cerveau compare alors son diamètre avec la taille des maisons ou des arbres voisins et voit l'astre comme un très gros objet.

Comment *devient*-on astronaute ?

▶ **Il faut déposer sa candidature lors de la campagne de recrutement d'une agence spatiale. Et soigner sa forme.**

On recense une centaine d'astronautes en activité dans le monde aujourd'hui. Beaucoup s'entraînent à séjourner dans l'espace ou sont en formation. Avec aussi peu de postes à pourvoir, la sélection est drastique. Ils sont embauchés et formés par les agences spatiales comme l'ESA en Europe, la NASA aux États-Unis ou encore Roscosmos en Russie. Celles-ci organisent ponctuellement des campagnes de recrutement.

Elles exigent une parfaite condition physique. Il faut avoir une très bonne vue, des articulations bien huilées, le cœur solide et… un mental équilibré. Les aspirants passent une batterie de tests psychologiques pour évaluer leur capacité à vivre et travailler en groupe, et surtout à garder la tête froide en toutes circonstances.

On leur demande également d'avoir une excellente formation, c'est-à-dire plusieurs années d'études scientifiques en ingénierie aéronautique, physique ou encore médecine, de savoir piloter un avion, de parler parfaitement l'anglais et si possible, d'autres langues.

Au fait, qu'avons-nous exploré de l'Univers ? *Réponse p. 89.*

AH BON ?

Ces professionnels portent un nom différent selon le pays qui les envoie. En France, on les appelle parfois des spationautes, aux États-Unis des astronautes, en Russie des cosmonautes et en Chine des taïkonautes. En Inde ? Des gaganautes, du mot « gagan » qui veut dire « ciel », en hindi.

D'où vient l'**eau** présente sur *Terre* ?

▷ Si notre planète est si bleue, c'est grâce aux météorites et aux comètes.

L'eau était déjà présente parmi les poussières qui ont formé notre planète il y a 4,5 milliards d'années. Une grande partie de cette eau originelle pourrait d'ailleurs toujours être prisonnière des couches souterraines profondes de la planète. Le reste a sans doute rejoint l'atmosphère, quittant les roches magmatiques grâce aux volcans.

Mais cela ne suffit pas pour remplir les océans. Quand la Terre n'était pas encore complètement formée, elle a largement été bombardée par des météorites qui contenaient de l'eau.
Elle a également été la cible de comètes surtout constituées de glace. Toutes ces collisions se sont révélées tellement violentes qu'elles ont chauffé la surface de la Terre puis transformé l'eau des projectiles en vapeur.

Cette vapeur a heureusement été retenue par l'atmosphère. Elle a formé une couche nuageuse épaisse puis s'est transformée en pluie lorsque la Terre s'est refroidie. Un déluge qui, au fil des années, a rempli les océans.

AH BON ?

Tous les êtres vivants terrestres sont constitués de molécules à base de carbone. On ne sait pas comment les premières d'entre elles ont pu se former sur Terre. Or les comètes et les météorites contiennent de tels éléments. Les premières briques de la vie sont peut-être aussi tombées du ciel.

Qu'avons-nous *exploré* de l'**Univers**?

▷ Presque rien… La sonde d'exploration la plus éloignée de la Terre se trouve actuellement aux confins du système solaire.

C'est en 1944 que la conquête de l'espace a commencé. Cette année-là, un missile allemand atteignait alors une altitude de 100 km, ce qui est la limite théorique de l'atmosphère terrestre après laquelle commence l'espace. A partir de 1957, les Soviétiques ont ensuite envoyé des satellites en orbite autour de la Terre puis des chiens, des macaques et des hommes. Enfin, en 1969, des astronautes américains ont mis le pied pour la première fois sur un autre astre : la Lune.

Aucun humain n'a jamais dépassé l'orbite lunaire. L'exploration spatiale est réalisée par des sondes. Certaines ont été mises en orbite autour d'objets du système solaire : la Lune, le Soleil, Vénus, Mars, Jupiter… Des atterrisseurs se sont aussi posés sur la Lune, Mars, Vénus, des astéroïdes, des comètes, des satellites naturels de Jupiter et de Saturne.

Enfin, plusieurs sondes sont en train de sortir du système solaire. Les plus éloignées sont Voyager 1 et Voyager 2, lancées en 1977. Toutes les deux quittent la zone d'influence du Soleil pour entrer dans le vide interstellaire. Elles ne rencontreront pas d'autre étoile avant 40 000 ans.

AH BON ?

Nos télescopes permettent de voir au-delà du système solaire. La lumière qu'ils captent donne beaucoup d'informations sur les objets qui peuplent l'Univers.
Grâce à ces données, les théoriciens simulent son comportement et son évolution avec des équations. Une exploration abstraite…

Comment les **satellites** font-ils pour ne pas *tomber* ?

▷ Ils tombent… Seulement, la vitesse imprimée lors de leur lancement les maintient très longtemps en orbite.

Plus de 1 000 satellites sont suspendus entre 300 et 40 000 km au-dessus de nos têtes. Ils ont été lancés par une fusée, qui les a propulsés à plus de 28 000 km/h. Une fois lâchés et en orbite, ils sont attirés par la Terre. Mais ils vont si vite qu'ils tombent toujours à côté de notre planète. C'est ce qui les maintient en altitude.

Plus de 8 000 satellites ont été lancés depuis le premier, en 1957. Certains tournent autour de l'équateur, d'autres d'un pôle à l'autre, d'autres encore se maintiennent au-dessus d'un point fixe. Ils sont très utiles pour observer notre Terre et son atmosphère, pour prévoir le temps par exemple. On les utilise aussi pour mieux connaître l'espace et transmettre des images ou des communications.

L'orbite des satellites doit être rectifiée régulièrement par des propulseurs. Quand leur mission est terminée, au bout de 5 à 15 ans, ils sont laissés à l'abandon. Ils finissent par entrer dans l'atmosphère où ils se fragmentent et brûlent.

AH BON ?

Des milliers de débris, en général des restes de satellites ou de fusées, tournent autour de la Terre. Leur taille oscille entre celle d'une puce et celle d'un bus. Comme ils tournent à grande vitesse, ils peuvent endommager des satellites en service.

Comment savoir si une autre **planète** est *habitée* ?

▷ C'est principalement une question de lumière. Il est possible d'en déduire si une planète présente des conditions favorables à la vie.

Nos télescopes ne sont pas encore assez puissants pour observer directement les bonshommes verts. Des autres systèmes solaires, on ne voit que la lumière de leur étoile. Heureusement, les exobiologistes, spécialistes dans la recherche de vie extraterrestre, tirent de nombreuses informations de cette observation.
Si la lumière s'affaiblit périodiquement, c'est que quelque chose s'intercale entre l'étoile et le télescope : une planète.

La durée de cette baisse de luminosité trahit la taille de la planète. Sa fréquence donne une idée de la distance qui sépare la planète de son étoile, ce qui permet de déduire sa température et donc la possibilité d'y trouver de l'eau à l'état liquide, source de vie.

En analysant le type de lumière filtrée par l'atmosphère de la planète au moment où elle passe devant son étoile, les exobiologistes savent aussi détecter des gaz typiques d'une activité biologique, comme l'oxygène. Dans certains cas, la lumière renvoyée leur permet de déduire la couleur présente à la surface de la planète. Si le sol est vert, c'est peut-être qu'il est recouvert de plantes, ce qui serait très bon signe.

Au fait, les extraterrestres existent-ils vraiment ? *Réponse p. 32.*

AH BON ?

La pollution de l'atmosphère peut également constituer un signe de vie. Certains gaz, comme les chlorofluorocarbones utilisés dans nos réfrigérateurs, ne peuvent être émis que par une civilisation technologique.

Quelle est l'étoile la plus *proche* de nous ?

▷ Après le Soleil, il s'agit de l'étoile Proxima du Centaure, qui est située à 4,22 années-lumière.

Son nom signifie « la plus proche du Centaure » car c'est dans cette constellation qu'elle est présente. Même si c'est notre voisine, elle est difficile à observer. Cette naine rouge est en effet toute petite et peu lumineuse. Elle est 8 fois moins massive que notre Soleil et 650 fois moins brillante. En outre, son éclat est supplanté par un couple d'étoiles scintillantes qui orbitent l'une autour de l'autre, loin derrière elle.

Au fil du temps, Proxima du Centaure se rapproche de nous. Dans 26700 ans, elle passera à 3,2 années-lumière de distance puis continuera sa route en s'éloignant. Une autre étoile, Ross 248, deviendra par la suite notre plus proche voisine.
Les astronomes ont découvert, autour de Proxima du Centaure, qu'une exoplanète* orbitait. Baptisée Proxima b, cette planète rocheuse à peine plus grosse que la Terre se situe suffisamment près de la faible étoile rouge pour qu'il y règne une température propice à la vie.

AH BON ?

Sirius, l'étoile principale de la constellation du Grand Chien, est la plus brillante du ciel après le Soleil. Pourtant elle se situe deux fois plus loin que Proxima du Centaure. Son éclat blanc se distingue juste au-dessus de l'horizon, sous les latitudes tempérées de l'hémisphère nord.

* C'est ainsi que l'on appelle une planète qui n'appartient pas à notre système solaire.

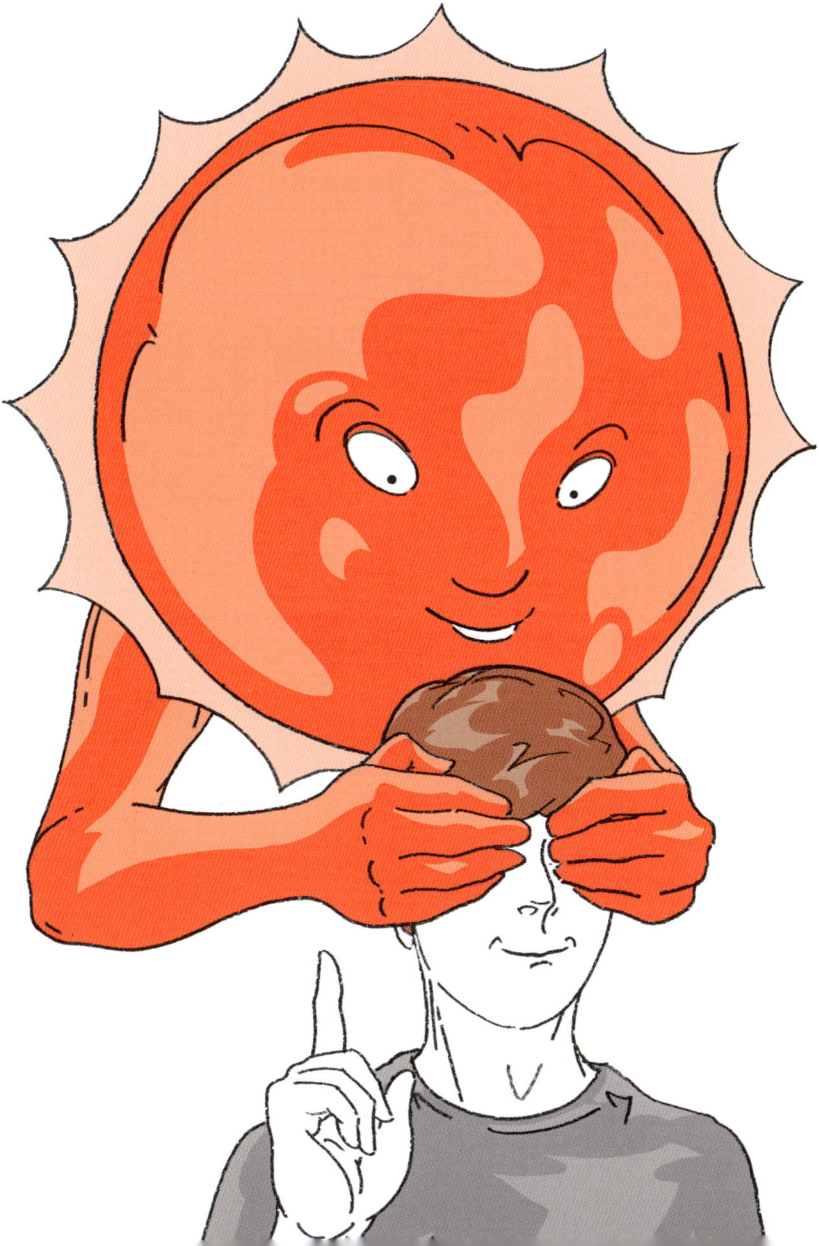

Trouve-t-on des **galaxies** *partout* dans l'Univers ?

▷ **Sans doute, même si elles ne sont pas réparties uniformément.**

Les galaxies n'aiment pas la solitude. Elles ont une forte tendance à se regrouper. Elles constituent donc des ensembles : on distingue les groupes qui comptent moins de 100 galaxies et les amas qui en rassemblent parfois des milliers. Ces groupes et ces amas arborent une forme ronde ou ovale, comme des ballons, alors que d'autres sont très irréguliers.

Les membres de ces communautés de galaxies orbitent autour des éléments les plus massifs qui exercent une forte attraction sur eux. Notre Voie lactée et sa voisine Andromède dominent ainsi une cinquantaine de galaxies qui constituent le Groupe local.
Non loin se trouve l'Amas de la Vierge qui regroupe environ 2 000 galaxies visibles depuis la Terre et sans doute beaucoup d'autres, invisibles.

A plus grande échelle, les groupes et les amas ne sont pas espacés régulièrement. La matière est répartie dans le Cosmos comme sur une éponge : de grosses bulles quasiment vides sont séparées par des filaments de galaxies qui se réunissent dans des zones plus denses. L'Univers étant en expansion depuis sa naissance, les amas s'éloignent les uns des autres et les bulles enflent.

AH BON ?

Au centre des amas, règnent souvent des galaxies géantes cannibales. Elles vont grossir en avalant les plus petites qui s'approchent d'un peu trop près.

Comment un **télescope** fait-il pour voir aussi *loin* ?

▷ Cet instrument capte des émissions lumineuses très faibles grâce à un long temps de pose.

Dis-moi mon beau télescope… quelle étoile est la plus belle ce soir ? Eh oui, cet instrument est basiquement un miroir. Sa surface réfléchissante principale est concave : cette forme arrondie en creux récolte les rayons lumineux provenant d'une large portion de ciel. Elle les rapproche pour en faire une petite image qui est ensuite renvoyée vers l'oculaire, la pièce où l'astronome colle son œil.

Pour voir très loin, le télescope fixe longtemps la même partie du ciel et accumule le plus de lumière possible. Les images les plus lointaines de l'Univers ont nécessité plusieurs jours de pose.
Les télescopes sont également très gros, pour recevoir le maximum de particules de lumière, les photons, émis par des objets lointains. Comme il est compliqué de créer de grands miroirs avec une courbe suffisamment précise pour ne pas déformer les images, on construit des télescopes combinant les signaux issus de plusieurs petits miroirs.

Ces télescopes sont installés loin de toute pollution lumineuse, dans des zones où le ciel est pur. Sur Terre, l'endroit idéal est un désert en altitude comme l'Atacama au Chili où se trouve le Very Large Telescope. L'espace est un lieu encore plus propice : à 600 km d'altitude, le télescope Hubble fournit des images de l'Univers avec une précision inégalée.

AH BON ?

Le plus gros miroir télescopique du monde se trouve à La Palma, aux îles Canaries. Il mesure 10,4 m de diamètre.

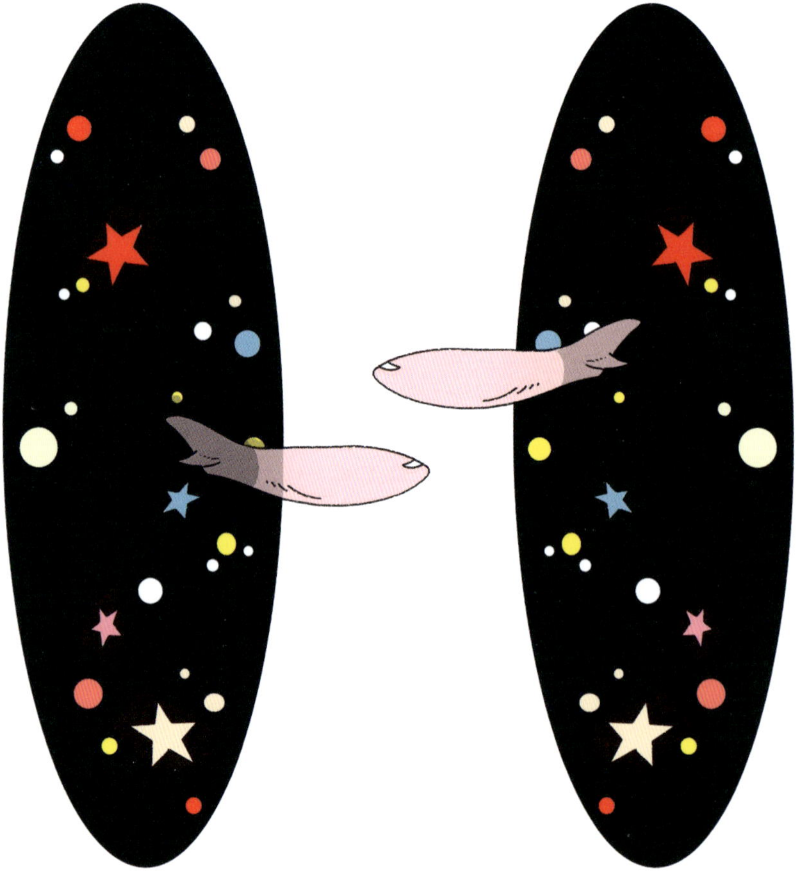

Existe-t-il des **univers** *parallèles* ?

▷ Pourquoi pas ? En tout cas, des astrophysiciens l'envisagent sérieusement.

Plusieurs réflexions mènent à l'idée que d'autres mondes évolueraient indépendamment du nôtre, dans d'autres lieux, d'autres dimensions, formés d'une matière différente. Ils n'auraient alors pas ou peu d'interactions avec notre Univers. Leur existence est donc difficile à vérifier. Mais elle apporte des réponses à des mystères que nous ne pouvons pas élucider.

La théorie du Big Bang suppose que l'énergie originelle a donné naissance à la matière et à l'antimatière en quantité égale. Quand elles se rencontrent, les particules qui composent la première et les antiparticules de la seconde s'annihilent dans un flash d'énergie. Mais dans notre monde, la matière domine largement l'antimatière. Où est passée cette dernière ? Elle aurait pu s'isoler dans un anti-univers.

Les théoriciens sont aussi troublés par certains nombres dont la valeur est figée depuis la naissance de notre Univers : la gravité, la vitesse de la lumière... Est-ce un hasard ou alors existe-t-il d'autres types d'univers construits autour de constantes, très proches ou différentes des nôtres ? Et enfin, pourquoi n'y aurait-il que trois dimensions dans l'espace, et pas quatre, cinq ou bien plus ?

AH BON ?

Les trous noirs constituent-ils des ouvertures vers des mondes parallèles ? L'idée suggérée par des astrophysiciens est adorée des écrivains de science-fiction. Il suffirait de tomber dans un trou noir pour ressortir dans un autre univers.

Comment les **astres** règlent-ils notre *calendrier* ?

▷ **La ronde des étoiles, planètes et satellites dans le ciel définit les jours, mois, années et même certaines fêtes.**

Le Soleil est le plus grand chef d'orchestre de notre calendrier. Son lever chaque matin et son trajet dans le ciel résultent de la rotation de la Terre sur elle-même. Ce mouvement structure nos journées.

Notre planète orbite aussi autour du Soleil. Elle en fait ainsi le tour en une année. Mais son axe de rotation est incliné. Pendant la moitié du trajet, cette inclinaison favorise l'illumination de l'hémisphère nord, qui connaît alors l'été. Puis c'est au tour de l'hémisphère sud. Grâce à cette inclinaison, les régions tempérées bénéficient d'une alternance des saisons.

Au cours d'une année, la Lune effectue un peu plus de 12 tours de la Terre. De là viennent les 12 mois de l'année, même si leur durée ne correspond pas exactement au cycle lunaire.

Les astres définissent également des moments-clés. Le jour où le Soleil reste le plus longtemps dans le ciel est appelé le solstice d'été. Il a lieu vers le 21 juin dans l'hémisphère nord. Le jour le plus court est le solstice d'hiver, autour du 21 décembre. En Occident, ce dernier est à l'origine de Noël. Effectivement, beaucoup de civilisations célébraient à ces périodes des fêtes importantes.

Au fait, comment naviguer grâce aux étoiles ? *Réponse p. 46.*

AH BON ?

La Terre boucle son orbite autour du Soleil en 365,24 jours. Si toutes les années ne duraient que 365 jours, le calendrier se décalerait progressivement. C'est la raison pour laquelle nous instaurons régulièrement des années bissextiles de 366 jours.

LES AUTEURS

Anne Debroise, journaliste et écrivain scientifique, est spécialisée dans les sujets liés à la nature et à l'environnement.

Frédéric Michaud, illustrateur et dessinateur de presse, propose un univers graphique onirique et poétique.

Remerciements à Jean-Michel Masson.

---

salamandre

Suisse : rue du Musée 4, CH-2000 Neuchâtel
France : BP 75, ZI rue Noirichaud, 25290 Ornans

Textes : Anne Debroise - Illustrations : Frédéric Michaud
Suivi éditorial et relecture : Benoît Richard
Conception graphique et mise en page : Pauline Maury
Révision : Mélodie Malartre

Dépôt légal : juin 2019 – ISBN : 978-2-889-58364-5
Imprimé par IME à Autechaux (France)

IMPRIM'VERT
Votre imprimeur agit pour l'environnement

Certifié PEFC
Ce produit est issu de forêts gérées durablement et de sources contrôlées.
PEFC 10-31-1093
pefc-france.org